DE

L'INFLUENCE DE LA PHILOSOPHIE

SUR LA MARCHE ET LES PROGRÈS

DE LA CHIRURGIE.

Lyon, imprimerie d'Aimé Vingtrinier, quai Saint-Antoine, 36

DE

L'INFLUENCE DE LA PHILOSOPHIE

SUR LA MARCHE ET LES PROGRÈS

DE LA CHIRURGIE.

DISCOURS D'INSTALLATION

PRONONCÉ EN SÉANCE PUBLIQUE DE L'ADMINISTRATION DES HÔPITAUX,

LE 31 MAI 1855 ;

PAR

LE DOCTEUR Ate-Dque VALETTE,

Chirurgien en chef de la Charité de Lyon,
Professeur d'accouchements à la Maternité de la même ville,
Lauréat et Membre correspondant
de l'Académie chirurgicale de Madrid, etc.

LYON.

Mel SAVY, LIBRAIRE,

PLACE BELLECÔUR, 11.

1855.

Messieurs ,

Des circonstances dont vous devez vous applaudir, puis-qu'elles vous assurent pour un temps indéterminé le con-cours de mon honorable prédécesseur, ont fait devancer de quelques mois l'époque où je comptais prendre le service de chirurgien-major de la Charité. Surpris par le temps j'ai eu quelque hésitation sur le choix du sujet, que, sui-vant l'usage établi, je devais traiter devant vous.

Placé, en effet, entre des fonctions qui finissent et d'autres plus importantes qui commencent, je me suis de-mandé s'il ne serait pas convenable de vous présenter le compte-rendu de ma pratique pendant les six années que je viens de passer à l'Hôtel-Dieu. Vous eussiez pu de cette façon, en examinant le passé, voir jusqu'à un certain point ce que vous étiez en droit d'espérer pour l'avenir.

Mais le compte-rendu nécessairement sommaire que j'aurais pu vous présenter eut été dépourvu d'intérêt scien-tifique. La statistique ne peut offrir une véritable utilité,

que lorsqu'elle s'appuie sur un certain nombre de détails,
qu'elle apporte avec elle des moyens de contrôle suffisants,
qu'elle se présente enfin avec des caractères que ne com-
portent pas les limites fort restreintes d'un discours d'ins-
tallation. D'un autre côté, les fonctions de chirurgien-
major de la Charité m'imposent des obligations nouvelles.
Vous dire ce que j'ai fait ne suffirait pas, à mon sens, pour
vous éclairer et pour vous rassurer sur les principes que
je prendrai pour guides dans la direction d'un service dont
plus que personne aujourd'hui je comprends les difficultés.
Aussi, quelque péril qu'il y ait pour moi à le faire, il me
semble que je dois à la confiance dont vous voulez bien
m'honorer, de vous présenter en quelque sorte ma profession de foi chirurgicale, c'est-à-dire de vous exposer
brièvement les idées générales qui me guideront dans la
nouvelle carrière qui s'ouvre devant moi. Ici, je me sens
pris d'une crainte qui tient beaucoup plus au sentiment
réel de mon insuffisance, qu'aux hésitations d'une mo-
destie mal entendue.

Porté presque malgré moi et par la gravité de la question à embrasser une étendue d'idées, où tout me fait défaut, excepté le désir d'être clair, la certitude d'être écouté
avec bienveillance m'a seule encouragé à ne pas restrein-
dre mon sujet.

Ne me jugez donc pas trop sévèrement, si le besoin de
me fixer moi-même dans la voie qui m'est ouverte, m'a
fait croire que je ne serais pas trop téméraire en étudiant
dans ce discours, l'influence que la philosophie a exercé
sur la marche et les progrès de la chirurgie, et en essayant

de déterminer quelles sont les tendances philosophiques qui la dominent aujourd'hui.

Ce n'est pas chose facile que de caractériser l'esprit médical de notre époque. C'est même une opinion accréditée chez quelques personnes fort éclairées du reste, mais qui n'ont pas étudié notre science, que la médecine en est encore à chercher sa voie, et n'est guère qu'un art conjectural. Il faut bien le reconnaître, les systèmes se sont succédés, les théories les plus opposées, les doctrines les plus étranges ont pu se produire et avoir leurs partisans, et pour un observateur superficiel l'histoire de notre science ne laisse voir que des ruines, au milieu desquelles se tiennent seulement debout les statues de quelques hommes de génie.

Toutefois, si l'on veut bien examiner les choses sans prévention, on ne tarde pas à se convaincre, que la médecine suit la même marche, subit les mêmes phases que les autres sciences, sans en excepter celles qui, se rattachant à des axiomes peu nombreux et incontestés, marchent à pas sûrs dans la voie de leur développement, et que pour cela on a appelées sciences exactes. Les astronomes, par exemple, ont fixé longtemps les astres à la voûte des cieux, et ce n'est pas du premier coup qu'ils ont pu pénétrer dans les espaces célestes, et contempler aux dernières limites de notre système solaire les lunes d'Uranus.

Permettez-moi de vous présenter d'une manière concise non pas l'histoire de la chirurgie, mais quelques réflexions sur cette histoire, il me sera plus facile ensuite de dire ce qui caractérise notre science aujourd'hui, d'indiquer ses tendances, de déterminer, si faire se peut, dans quelle direction il faut marcher pour réaliser de nouveaux perfectionnements dans l'avenir.

Il n'en est pas de notre science comme de celles dont je parlais tout à l'heure, de ces sciences exactes qui, sûres de posséder la vérité, n'ont à demander à l'histoire que l'énumération de leurs erreurs. A certaines époques, des systèmes se sont élevés pour tomber plus tard, mais ils n'ont pas péri tout entiers. Chaque école qui a été fondée a hérité des découvertes faites par ses devancières, et ces découvertes lui ont permis d'aller plus loin dans la voie du progrès.

En médecine surtout, il y a des vérités à puiser dans des écoles qui sont mortes depuis longtemps : un des principaux avantages que l'on trouve dans l'histoire, c'est de pouvoir prendre ces portions de vérité, si je puis me servir de cette expression, pour les réunir en faisceaux et arriver ainsi à la vérité absolue.

L'histoire offre du reste un autre avantage même au praticien le plus vulgaire, car, ainsi que l'a dit Sprengel dans l'introduction de son grand ouvrage : « Elle nous apprend à « nous défier de nos propres forces, et nous inspire des « sentiments modestes. »

Cette excursion dans le passé vous fera voir que la chirurgie, dans sa sphère spéciale, a constamment été subordonnée aux dogmes philosophiques, que l'esprit philosophique d'une époque lui a toujours imprimé son impulsion, l'a toujours entraîné avec lui, comme les grandes planètes entraînent leurs satellites.

Dans les temps antiques, l'art de guérir n'était pas scindé en deux parties, médecine et chirurgie. C'était un art sacré et mystérieux qui avait pour but de conjurer les traits de la colère céleste. Il n'y a pas lieu de s'étonner, par conséquent, que les premiers médecins fussent des prêtres et les premiers amphithéâtres des temples. Malgré les efforts de quelques érudits, il est bien difficile de se faire une idée exacte de ce qu'était la chirurgie avant Hippocrate. Les développements dans lesquels est entré Dujardin dans les deux premiers chapitres de son histoire, les *Recherches sur la chirurgie d'Homère*, par Bartholin, dans son livre de *poetis medicis*, celles de Brindel, dans sa *Dissertatio de Homero medico*, et le mémoire publié il y a quelques années par M. Malgaigne, sur le même sujet, sont, je le répète, des monuments d'érudition, mais qui prouvent seulement qu'à cette époque reculée les chirurgiens étaient guidés par la plus simple et la plus aveugle routine.

Hippocrate n'a créé, je n'ai pas besoin de le dire, ni la médecine ni la chirurgie ; mais, le premier, il a cherché à rattacher à des principes certains leurs éléments épars, et leur a donné la proportion d'une fonction sociale. Sans doute, il a dû cette haute fortune à la supériorité de son génie ; mais quand on songe que cette révolution médicale s'est accomplie pendant le plus beau siècle de la Grèce antique, à cette époque où Thucydide écrivait pour la postérité la guerre du Peloponèse, où Phidias taillait dans le marbre ces chefs d'œuvre dont le souvenir même a mérité d'être immortel, où Sophocle et Aristophane écrivaient ces pièces de théâtre que les littérateurs regardent comme des modèles, il est impossible de ne pas admettre qu'une influence, partie des sphères supérieures où s'agite l'esprit humain, ne dominât alors toutes les intelligences. Et, en effet, dans son impatience de tout expliquer et de tout connaître, la pensée humaine, inexpérimentée encore, avait jusque là créé des hypothèses ne reposant sur aucun fondement solide. Les uns cherchaient l'origine du monde dans le monde, c'étaient les physiciens ; les autres la cherchaient hors du monde, c'étaient les spéculatifs ou Pythagoriciens ; mais les uns et les autres en étaient arrivés à une philosophie qui ne consistait qu'en des disputes plus ou moins subtiles, et dans l'art de discourir sans fin sur des sophismes. C'est au milieu de ces luttes stériles que parut Socrate qui devait changer la face des choses.

Il rejette toutes les hypothèses, et proclame comme base de toute science et de tout raisonnement les faits reconnus, les données positives de l'expérience. Il recherche la vérité avec amour, mais sans témérité, c'est-à-dire qu'il procède du connu à l'inconnu, aimant mieux au besoin proclamer son ignorance que d'écouter les chimères de l'imagination. C'est dans ces principes que se trouve toute la doctrine d'Hippocrate, et le père de la médecine a si bien subi l'influence de la nouvelle philosophie, que non seulement ses ouvrages en offrent à chaque pas des traces, mais qu'on y retrouve encore la pure et sereine morale dont Socrate a donné en même temps le précepte et l'exemple.

L'observation raisonnée était pour le vieillard de Cos la seule voie qui pût conduire à la vérité. « Il faut, disait-

« il, s'en rapporter au témoignage de ses sens, et non
« aux opinions des autres. Pour faire de nouvelles décou-
« vertes, on doit suivre la route de l'expérience, et si l'on
« veut chercher la vérité par d'autres méthodes, on mar-
« chera d'erreur en erreur. » Je ne puis en ce moment
faire une étude, même incomplète, de ce grand génie, il
me suffit de rappeler les principes qui l'ont guidé. Je con-
staterai seulement que, malgré les notions fausses qu'il
avait en anatomie, puisqu'il confondait les nerfs et les
tendons, qu'il ne distinguait pas les veines des artères,
Hippocrate était cependant un chirurgien hardi. On le regarde à tort comme abandonnant tout à la force médica-
trice de la nature. Sa thérapeutique chirurgicale était ac-
tive ; je n'en veux pour preuve que l'opération du trépan
et celle de l'empyème qu'il pratiquait, et cet aphorisme si
connu : « *Quod medicamenta non sanant, ferrum sanat* ;
« *quod ferrum non sanat, ignis sanat* ; *quod ignis non*
« *sanat, insanabile.* »

Hippocrate n'a établi entre la médecine et la chirurgie
d'autre distinction que celle qui avait pour but de rendre
plus facile et plus claire l'exposition des préceptes, mais
au lit du malade il se gardait bien de la faire, et la lecture
de ses ouvrages montre qu'il faisait un grand usage des
moyens chirurgicaux dans le traitement des maladies internes, et réciproquement qu'il restait toujours médecin
dans le traitement des maladies dites chirurgicales. Encore
une fois, je ne puis entrer dans de plus grands développements, je n'ai eu d'autre but que de rappeler que le père
de la médecine a subi l'influence de la philosophie de son

temps, et que c'est parce que son génie a été guidé par ce flambeau qu'il a pu aller aussi loin dans la découverte de la vérité.

Cette influence des idées philosophiques régnantes sur la marche et les progrès de la chirurgie va nous apparaître plus manifeste encore, car après Hippocrate on voit les principes de la philosophie nouvelle en quelque sorte textuellement copiés par les médecins, et ce qui les distinguera pendant une longue suite de siècles, ce ne sera que la manière plus ou moins bizarre de faire ressortir de ces principes, toutes les conséquences que l'imagination et la fureur de la dialectique peuvent enfanter.

En philosophie, Platon se sépara, on le sait, de Socrate son maître, que dis-je, il proclama ce principe que les sens ne peuvent qu'égarer l'intelligence, et que c'est la raison, la raison seule, qui peut conduire à la connaissance de la nature des choses. C'est au nom de la raison que Platon admet quatre éléments et confectionne de toutes pièces l'histoire du monde, en faisant de ces quatre éléments la source d'une variété infinie de combinaisons.

Polybe et Thessalus appliquent directement ces principes à la médecine, et nous montrent l'homme formé aussi de quatre éléments, le sang, la pituite, la bile et l'atrabile. L'esprit de spéculation partant de là, explique les maladies par le défaut de proportion de ces quatre humeurs.

Il s'éleva bientôt, il est vrai, une école qui s'appuie sur l'expérience et l'analogie des symptômes, et qui a la prétention de suivre les traces d'Hippocrate, c'est l'école d'Alexandrie, appelée empirique par opposition à la précédente qui étudie les causes occultes et subordonne le traitement aux spéculations théoriques. Mais l'école empirique alla s'affaiblissant, débordée de toutes parts par le dogmatisme, elle se transforma peu à peu et on perd sa trace après Celse qui peut toutefois être regardé comme son dernier représentant. Celse est un des hommes les plus illustres dont l'histoire de notre science ait conservé le nom. Il a droit, en effet, à la reconnaissance de la postérité, mais, il faut le remarquer, c'est moins à cause des découvertes qu'il a faites, car sous ce rapport son importance n'est pas considérable, que parce qu'il a été un brillant vulgarisateur des découvertes faites avant lui. Il a transporté à Rome le trésor de la chirurgie grecque, et a rendu familière aux Romains la chirurgie d'Hippocrate dont il a été en quelque sorte l'interprète et le commentateur. A ce point de vue, il a rendu à la science un éclatant service et il l'a fait avec une pureté et une élégance de style qui lui ont valu le titre glorieux de Cicéron de la médecine.

Le fameux Galien, dont le génie et les travaux suffiraient pour illustrer son siècle, parut à l'époque où le dogmatisme exerçait un empire absolu et illimité. Il recueille et coordonne les théories de ses prédécesseurs, et en construit le système de l'humorisme au fond duquel se retrouvent toujours les idées platoniciennes. Le sang, la bile, la pituite et l'atrabile sont plus que jamais les quatre éléments dont se compose le corps humain, et les maladies ne sont que des altérations de qualité et de quantité de ces quatre humeurs. C'est ainsi que l'altération de l'atrabile produit le cancer, celle de la bile l'érysipèle, etc., etc.

Hippocrate avait à peine disparu que Thessalus, son fils, et Polybe son gendre, se séparaient de sa doctrine. Le dogmatisme chirurgical de Galien eut une fortune plus durable. Il ne faut l'attribuer ni à la supériorité des principes, ni à la supériorité du chef d'école, mais aux circonstances qui ont servi Galien et assuré pour longtemps son influence. Les esprits, à cette époque, étaient fatigués des luttes interminables d'une philosophie qui ne combattait le doute que pour multiplier les erreurs, et promenait de système en système tant d'intelligences malades et de cœurs inassouvis. Ils attendaient une lumière qui vînt de plus haut. La limite des aberrations humaines était touchée, il fallait que le ciel s'ouvrît. Ce fut alors que le Christ parla et mourut. En quelques jours, la lumière nouvelle inonda le monde, les intelligences tressaillirent d'espoir sous le coup de cette miraculeuse révélation. La philosophie, tout en combattant les hommes nouveaux, changea insensiblement son langage et sa voie. Le Christianisme apparaissait comme fils de Dieu et dépositaire des origines premières, appelé à relever l'homme déchu et à rendre à la création sa règle et sa beauté. La philosophie revendiqua ces titres et voulut aussi imposer une tradition à la raison humaine ; la médecine fit comme elle, elle se rattacha au dogme de l'autorité, car la tradition c'est l'autorité. Or, que pouvait être alors la tradition en chirurgie ? Il serait intéressant d'exposer l'état de la science à cette époque, mais je suis renfermé dans des limites que, par égard pour l'auditoire, je ne dois pas franchir. Je me borne donc à indiquer par suite de quel concours d'événements l'influence de Galien a été pour longtemps assurée. Il est venu au moment où ses idées devaient être naturellement protégées par ce dogme de l'autorité que son vaste génie et son incontestable supériorité étaient du reste bien propres à fortifier. D'un autre côté, les institutions qui influent sur le sort des sciences comme sur le sort des empires, allaient pour longtemps aussi forcer les esprits à subir ce joug de l'autorité sous lequel ils s'étaient réfugiés d'abord comme sous un abri.

Les empereurs avaient en effet compris, que pour mieux asservir les peuples, il fallait enchaîner d'abord les intelligences, aussi la persécution attendait-elle à cette époque toute pensée librement exprimée. J'ai hâte de passer sur ces temps de lugubre mémoire, où tous les genres de fanatisme et de superstition se réunirent pour étouffer les connaissances acquises chez les Grecs dégénérés du Bas-Empire. La chirurgie partagea le sort commun. Pour beaucoup d'historiens, cette décadence intellectuelle doit être attribuée, il est vrai, aux invasions des Barbares. Je ne puis discuter cette question, il me suffit de constater les faits. Je ne puis pas, cependant, ne pas dire en passant que si le calme et la sécurité sont nécessaires à la science, il lui faut aussi la chaleur vivifiante de la liberté de l'esprit. Qu'elle vienne à manquer au monde, tout se stérilise, le sol lui-même comme les intelligences. Tout ce qu'elle n'a pas fondé s'écroule bien vite.

En me renfermant dans ma sphère chirurgicale, il m'est impossible, du reste, de ne pas faire remarquer que ce furent précisément les Barbares qui cherchèrent à rallumer le flambeau presque éteint de notre science, car nous sommes arrivés à l'école des Arabes, qui fut seule dépositaire pendant longtemps de l'héritage de la chirurgie grecque.

Ce n'est pas que cette école ait jeté un bien grand éclat, elle ne compte guère que des compilateurs qui ont copié Paul d'Egine, lequel avait copié Oribase, Oribase avait lui-même copié Galien. Plusieurs circonstances nous expliquent la préférence accordée par les médecins arabes aux écrits de Galien sur ceux d'Hippocrate. L'esprit du premier, plus discoureur, flattait davantage le penchant des Orientaux pour les idées spéculatives et le langage diffus. Le génie plus sévère du second les aurait trop assujétis à l'observation et à l'étude des phénomènes des maladies. D'un autre côté, les Arabes étaient préparés par leurs idées religieuses à subir le dogme de l'autorité. L'islamisme, en effet, ne renferme pas dans son sein la doctrine des libres exégèses, et la tyrannie des kalifes veillait à ce qu'on obéît à la loi du prophète.

L'histoire nous a conservé le souvenir du supplice infligé au médecin espagnol, Averroès, pour avoir exprimé librement sa pensée. Il fut obligé de se rétracter publiquement à la porte d'une mosquée, comme le fut plus tard, en 1633, et dans d'autres lieux, un homme autrement célèbre!.....

La chirurgie des Arabes est assez pauvre; chez eux point d'anatomie et par conséquent point de médecine opératoire. Albucasis qui est peut-être le chirurgien le plus illustre de cette école, ne saurait être comparé à Celse ou à Galien. La cautérisation fait le fond de leur thérapeutique chirurgicale, mais j'ai hâte de le dire, ils la faisaient sans discernement, et il ne faudrait pas chercher dans leurs livres le germe de la pensée qui a présidé à l'érection de la cautérisation en méthode thérapeutique, méthode qui sous l'impulsion féconde de M. Bonnet, a fourni aux chirurgiens lyonnais de si nombreuses et si importantes applications.

Lorsque la civilisation passa de nouveau en Occident, les écrits des Arabes furent, on le sait, apportés à Salerne et traduits en latin par un homme dont l'histoire a conservé le nom, Constantin l'Africain. Le célèbre moine du Mont-Cassin fut, avec Jean de Milan, le coryphée de cette fameuse école où la médecine des Grecs et des Arabes put être étudiée par les chirurgiens Italiens. Quelques-uns d'entre eux vinrent en France durant les troubles qu'excitèrent les Guelfes et les Gibelins, et Montpellier qui n'avait pas encore d'université, mais qui tenait à cette époque par son commerce un rang considérable entre les villes de la Gothie et de la Septimanie, en attira plusieurs dans son sein.

La chirurgie était depuis longtemps déjà séparée de la médecine, et elle se trouvait dans un degré d'abaissement et d'infériorité dont elle ne s'est relevée que bien plus tard. Aussi puis-je passer sur une époque où notre art exercé presque exclusivement par des moines, dont les priviléges étaient à chaque instant amoindris par les conciles, ne mérite pas, à vrai dire, le nom de science.

Il faut arriver à Guy de Chauliac, ce précurseur d'A. Paré, pour trouver un véritable chirurgien. Guy de Chau-

liac a laissé plusieurs ouvrages entr'autres sa grande chirurgie que M. Malgaigne appelle un véritable chef-d'œuvre. C'est qu'en effet ce livre est bien supérieur à tout ce qui existait avant lui, non seulement sous le rapport des connaissances chirurgicales, mais encore parce qu'on y trouve une allure d'esprit, une vigueur de pensée qui témoignent que déjà les esprits supérieurs ne supportaient qu'avec peine le joug de l'autorité. « Ie m'esbahys d'une chose,
« dit-il en parlant des chirurgiens de son temps, qu'ils se
« suivent comme des grues, car l'un ne dit que ce que
« l'autre a dit. Ie ne sçay si c'est par crainte ou par amour
« qu'ils ne daignent ouyr, si non choses accoutumées et
« prouvées par authorité. . . . .

. . . .

« Qu'on laisse telles amitiés et craintes, car Socrate et
« Platon est notre amy, mais la vérité est encore plus
« amie. C'est chose saincte et digne d'honorer en premier
« lieu la vérité. »

La grande chirurgie, publiée vers l'an 1340, exerça une grande influence pendant près de deux siècles, aussi compte-t-on quelques noms célébres parmi les successeurs de Guy de Chauliac. C'est Colot qui pratique la taille par le haut appareil. En Allemagne, c'est Brunschwig de Strasbourg, qui étudie les plaies par armes à feu. En Italie, Vigo, Beranger de Carpi, qui s'illustre par ses travaux sur les plaies de tête. — C'est Marianus Sanctus qui invente la taille par le grand appareil ; c'est Briando qui substitue l'eau froide aux onguents et aux emplâtres dans le pansement des plaies.

Nous arrivons enfin au grand chirurgien du XVIe siècle, à celui que l'on a appelé le père, l'Hippocrate de la chirurgie.

A. Paré entre en scène dominé par l'esprit philosophique de l'époque, et rempli pour les doctrines des anciens d'un respect que l'on peut appeler une foi aveugle. Il le confesse dans sa dédicace au très-chrestien roi de France et de Pologne Henri III. « Il a voulu mettre en évidence « les thrésors des anciens dont il a suivi pas à pas la trace. » Dans sa réponse à Gourmelen, il est plus explicite encore : « Il fera passer, dit-il, l'authorité avant la raison et l'ex- « périence. » Mais à mesure qu'il vieillit, qu'il enrichit son esprit de méditations et d'expériences, on sent qu'il conquiert la jeunesse de l'homme qui pense. A chaque instant on s'aperçoit qu'il a respiré l'atmosphère philosophique et religieuse de son temps. Le moyen âge venait de crouler. Tout en s'efforçant de s'élancer dans des routes nouvelles, les intelligences se voyaient sans cesse arrêtées par d'é-paisses ténèbres; et comme forcées de rebrousser chemin. Ce fut le temps des fanatismes sauvages et des impatiences scientifiques. On cherchait souvent sans trouver, mais on cherchait avec frénésie. On renversait il est vrai avec fureur, mais malgré tout la science faisait chaque jour, au sein de ses temples, monter d'une assise son édifice éternel.

A. Paré, sans cesser d'être respectueux envers les anciens, s'aperçoit bientôt qu'ils n'ont pas tout dit et plus tard il reconnaît qu'ils se sont souvent trompés. Il admet, par exemple, comme tout le monde, que les plaies par armes à feu sont empoisonnées, et il agit en conséquence, mais il lui suffit d'une seule observation que le hasard lui fournit pour ouvrir les yeux et accomplir une des plus grandes découvertes chirurgicales du XVIe siècle. L'histoire chirurgicale de ce siècle n'en offre qu'une autre peut être qui puisse être comparée à celle-ci, et c'est encore à Paré que nous la devons ; je veux parler de la ligature des vaisseaux dans les amputations des membres. Ces deux découvertes prouvent assez qu'il ne s'est pas traîné servilement sur les traces de ses prédécesseurs, pour être juste cependant il faut reconnaître qu'il n'a pas toujours su secouer le joug de l'autorité. On trouve dans son livre, et à quelques pages de distance, les marques d'une indépendance qui séduit, et la preuve d'une crédulité qui étonne. Parfois son admirable talent d'observation s'exerce en liberté, c'est alors qu'il écrit son *Traité des plaies par arquebusades*, des brûlures, des amputations, des hernies. D'autres fois il se dégage encore des entraves imposées à la raison, mais c'est avec une hésitation et une timidité extrêmes ; c'est alors qu'il essaie de réfuter ce qu'on dit des propriétés merveilleuses de la mumie et de la licorne, pour guérir les plaies venimeuses ; enfin, il est des cas où cette hésitation même disparaît, c'est lorsqu'il parle des prodiges et des monstres, « des sorciers, enchanteurs, empoisonneurs « vénétiques, rusés, trompeurs, lesquels jettent leurs sorts « par les pactes qu'ils ont faits avec les démons qui leur « sont esclaves et vasseaux. » Ce sont là des taches, sans doute, mais qui sont de nature à faire voir combien le génie de Paré a été grand puisqu'il a pu aller aussi loin dans un siècle où tant de superstition aveuglait les intelligences.

L'influence exercée par le grand chirurgien fut immense, aussi notre science fut-elle dignement représentée après lui. Sans parler de Guillemeau, son élève, nous trouvons en France, Franco qui s'illustre par ses travaux sur les hernies. En Italie Fabrice d'Aquapendente, en Allemagne Fabrice de Hilden, qui vulgarise les découvertes de Paré ; enfin, à ces noms fameux, il est permis à un chirurgien de la Charité de joindre celui, plus modeste, de Louise Bourgeois.

Toutefois, l'éclat de cette école chirurgicale ne put pas se soutenir longtemps. D'un côté, la corporation des médecins opposait toujours une résistance acharnée aux chirurgiens. Elle s'attachait avec opiniâtreté à ses idées arriérées pour conserver ses priviléges. De l'autre, bien qu'un certain vent d'indépendance eût soufflé sur le vieux monde, la vieille philosophie se tenait encore debout, la doctrine du libre examen n'avait pas encore été formulée. Aussi, lorsque le génie de Paré ne fut plus là pour lutter contre le galénisme, celui-ci reprit peu à peu son influence malgré des perfectionnements réels apportés par des chirurgiens, tels que Séverin, Loodham et quelques autres.

Mais nous arrivons à des temps meilleurs. Nous voyons apparaître Mauriceau, Dionis, qui sont comme les précurseurs de la grande révolution chirurgicale qui va s'accomplir : examinons, en peu de mots, les causes qui l'ont préparée.

Jusqu'à présent la chirurgie s'est développée et a grandi sous l'influence de trois principes philosophiques généraux:

l'observation, la raison, l'autorité. Il semble, au premier abord, que l'esprit humain ne peut trouver une voie nouvelle, un dogme nouveau auquel il puisse se rattacher. Nous allons voir, en effet, que l'âge moderne n'a guère fait qu'une chose depuis, c'est d'être moins exclusif que l'antiquité et le moyen âge. La philosophie s'est appuyée sur ces trois dogmes fondamentaux, et les doctrines qui vont surgir ne différeront que par l'importance plus ou moins grande accordée à chacun d'eux.

Vers la fin du XVIe siècle naquit Bacon. Les limites dans lesquelles je suis obligé de me renfermer me forcent à ne donner qu'un sommaire très-imparfait de sa philosophie. — Je me bornerai donc à rappeler qu'il commence par faire table rase du passé. « L'antiquité des temps, « s'écrie-t-il, est la jeunesse du monde, et puisque le « monde à vieilli, c'est nous qui sommes les anciens. » Puis, il formule cette doctrine : Il n'y a qu'un moyen de parvenir à quelques vérités, et de s'assurer qu'on y est parvenu, c'est celui d'observer la nature non seulement dans les phénomènes qu'elle présente à nos regards, mais encore dans ceux qu'on peut découvrir par la voie de l'expérience. Le philosophe anglais étudia, on le sait, la médecine ; dans son *Traité sur la vie et sur la mort*, il apprécie, en homme de génie, les causes qui ont enfanté tant de faux systèmes, et trace la voie qu'il faut suivre pour éviter ce dangereux écueil. « Il faut, dit-il, que les « dogmes de la médecine soient tirés uniquement des faits « qui lui sont propres ; c'est-à-dire, des observations et « expériences faites sur le corps vivant et malade. Si l'on

« peut les rapprocher un jour des dogmes qui appartien-
« nent aux autres sciences, ce ne doit être qu'après les
« avoir vérifiés séparément les uns et les autres. »

Bacon qui a été regardé, avec raison, comme le prophète des vérités que Newton est venu révéler aux hommes,
ne fut ni compris, ni entendu des médecins de son temps.
Son influence immédiate sur la marche de notre science
a été nulle, mais nous la retrouverons bientôt avec John
Hunter, et lorsque nous aurons à apprécier la chirurgie
contemporaine.

Descartes publia son Discours sur la méthode quelques
années après la mort de Bacon. Comme lui, il fait tout
d'abord table rase du passé. Il rejette comme faux tout ce
qui est sujet au moindre doute, et marchant de conséquence en conséquence, il répudie les données de l'expérience, parce que l'expérience est trompeuse ; le raisonnement, parce qu'il peut induire en erreur, l'autorité...
il avait commencé par-là. Mais, comme il fallait bien quelque chose pour peupler cette solitude, il refit le monde à
sa manière. Habile à détruire, il le fut moins à réédifier.
— Il entassa hypothèse sur hypothèse, et créa un dogmatisme moderne qui enfanta autant de systèmes que le dogmatisme de Platon.

La chirurgie n'avait pas alors de représentant bien illustre, elle était encore séparée, comme science et comme
art de la médecine, aussi est-ce surtout dans les ouvrages
des médecins de cette époque que l'on peut étudier la triste
influence du cartésianisme. Cette assertion, je m'empresse
de le dire, aurait besoin de développements dans lesquels

je ne puis entrer. Qu'il me suffise de faire remarquer que,
au point de vue de la méthode, l'influence de Descartes a
été très-bonne, car cette méthode est éminemment libre.
Mais au point de vue dogmatique, l'influence immédiatement exercée a été mauvaise; car, je le répète, la philosophie de Descartes n'enfanta, tout d'abord, que des hypothèses sans consistance. — Quoi qu'il en soit, les doctrines médicales régnantes avaient peu à peu envahi la
chirurgie, lorsque parut J.-L. Petit.

Comme Paré, Petit avait fait son apprentissage chez un
maître barbier; il avait donc, au début, une instruction
très-insuffisante, aussi accepte-t-il, sans discussion, les
idées qui avaient cours, et, dans le premier ouvrage qu'il
publie, il émet des doctrines dans cet esprit. « Le rachi-
« tisme est produit par une lymphe insipide, dépourvue
« de soufre et de sels volatils. — L'exostose est le résultat
« de corpuscules d'une nature corrosive et arsenicale. »
Mais son génie observateur et l'étude l'ont bientôt mis dans
une voie meilleure; il proclame alors que le raisonnement,
appuyé sur l'expérience, est la base de la chirurgie, et il
ajoute que les hypothèses sur la nature des sels dans les
maladies, sont arbitraires.

On a invoqué, je dois le dire, l'exemple de J.-L. Petit,
pour soutenir que l'instruction littéraire et philosophique
n'étaient pas nécessaires au chirurgien, et que notre science
pouvait se passer de cette influence pour avancer dans la
voie du perfectionnement. — C'est là une erreur que J.-L.
Petit réfute lui-même; car cette influence, il la confesse
quelque part dans ses ouvrages. Le défaut d'instruction,

au début de sa carrière , se fait parfaitement sentir malgré la force de son génie. Il hésite et ne trouve pas la route. Il le sent si bien lui-même , qu'à l'âge de 40 ans il étudie le latin , et se pénètre de l'esprit de la philosophie régnante. Dès lors la raison et l'expérience sont ses guides. — Mais entraîné précisément par cette philosophie , il trouve que l'observation est trop lente, et il veut souvent la devancer. — Il prit pour point de départ , pour base, l'anatomie , car c'est d'après de pures données anatomiques qu'il a établi ses théories admirables sur les plaies de tête, sur les fistules lacrymales , sur les fractures de côte, etc. , etc.

La création de l'Académie royale de chirurgie , qui eut lieu à cette époque , mit un terme à la déplorable lutte des médecins et des chirurgiens, aussi sous l'impulsion féconde de J.-L. Petit et de Lapeyronie , notre science acquiert-elle un état de splendeur qu'elle n'avait jamais eu. Anel , Garengeot , Ledran , Morand , Foubert, Mejean , Belloc , Ravaton , Pouteau, qui a illustré la chirurgie lyonnaise et que nous saluerons en passant comme une de nos gloires, Lafaye , Quesnay, Lecat , sont des noms devenus classiques.

La France, il faut le dire , pour tenir le sceptre chirurgical ne fut pas seule à contribuer à cet état de splendeur. Aux noms illustres que je viens de citer, l'Angleterre peut opposer avec orgueil, ceux de Cheselden , de Monro , de Pott, d'Alanson, de Bell. — L'Allemagne, ceux de Heister, de Richter et de Theden. — L'Italie , ceux de Lancisi et de Bertrandi. — Les Pays-Bas, ceux de Palfyn , de Camper et de Callisen.

L'école pratique de chirurgie, où Chopart enseignait avec
tant de zèle , où Desault institua la première chaire de
clinique , conquit une renommée européenne , et vint
ajouter un lustre nouveau à cette école anatomique, fondée
par J.-L. Petit , et qui devait avoir encore en France d'illustres représentants.

Malgré les progrès qu'elle avait faits , la chirurgie ne
possédait pas encore , sur la nature et le traitement des
maladies , ces vues sages qui servent aujourd'hui de base
à la science. On ne s'était pas occupé jusque-là de mettre
en lumière la véritable nature des maladies , en montrant
les points de contact qu'elles ont avec les phénomènes naturels , et en faisant ressortir ce qui caractérise ces déviations de phénomènes. On n'avait pas encore étudié les
procédés que l'organisme emploie pour opérer les guérisons.
L'esprit philosophique de John Hunter aperçut cette lacune
et il entreprit de la combler. Il sentit que, pour comprendre
les déviations qui s'opèrent dans l'ordre normal des phénomènes naturels , il fallait d'abord comprendre ces phénomènes eux-mêmes , et il résolut de les étudier, non
seulement chez l'homme , mais encore dans toute la série
des êtres organisés. — Colossale entreprise qui ne pouvait
être conçue et poursuivie que par un homme de génie. La
philosophie de Bacon est le flambeau qu'il prend pour se
guider dans ces voies nouvelles et inexplorées.

Il se garde bien de chercher à pénétrer les mystères de
la nature en posant des principes à priori , et en cherchant
des faits pour soutenir la théorie. Il suit, sans s'en écarter,
la méthode du maître, c'est-à-dire qu'il se livre d'abord à

l'investigation des faits, qu'il étudie la structure des organes, et cherche à découvrir de quelle manière ils produisent
les phénomènes variés par lesquels la vie se manifeste,
sans cependant prétendre en pénétrer jamais l'essence. En
enseignant le premier peut-être à appuyer les principes de
notre art sur les données les plus saines de la physiologie,
et en poussant la génération contemporaine dans cette
route, qu'il a si brillamment parcourue, Hunter a ouvert
pour la chirurgie une ère nouvelle.

Ses leçons, sur les principes de la chirurgie, forment un
monument dont les progrès ultérieurs pourront modifier
certaines parties, mais qui ne croulera jamais. Quand on
lit Hunter, on éprouve un sentiment d'étonnement mêlé
d'admiration, et pour comprendre toute l'étendue de son
génie, il faut le comparer à ses contemporains. — On est
stupéfait de la distance à laquelle il les a laissés.

En anatomie générale il a embrassé, plus universellement son sujet que Bichat, car il s'est appuyé sur l'anatomie comparée. On n'a rien ajouté d'essentiel à ce qu'il a
écrit sur le sang. Il a connu, aussi bien que Broussais,
l'irritation et les sympathies; mais il ne s'est pas laissé
entraîner comme lui, il ne s'est pas contenté de voir ce
qu'il y avait de sain, de physiologique dans l'inflammation,
il a parfaitement su distinguer les inflammations spécifiques,
c'est-à-dire que, dans les altérations de tissus, il a su
faire la part de l'élément morbide, et de cet autre élément
appelé inflammation. Il a formulé d'avance les doctrines
opposées qui devaient, vingt-cinq ans plus tard, élever
si haut les noms de Broussais et de Laennec. Il a fondé,

en un mot , et c'est là surtout sa gloire , la connaissance des maladies externes sur celle des lois de l'organisme. Sa chirurgie est essentiellement physiologique. — Aussi, chose bien digne de méditation, Hunter est arrivé , par la voie analytique à émettre sur la nature de l'homme et la science de la vie, des idées qui sont précisément celles auxquelles est arrivé , par la voie synthétique, l'illustre Barthez.

Il a donc devancé ses contemporains , et c'est pour cette raison qu'll n'a pas été apprécié par eux comme il le méritait. — Il s'était élevé à une trop grande hauteur pour être immédiatement compris.

Hunter a laissé après lui une école brillante : Jenner , Abernethy, Ast. Cooper en Angleterre ; en France, Dupuytren s'est rangé sous sa bannière.

Le célèbre chirurgien de l'Hôtel-Dieu de Paris a exercé sur la science contemporaine par son enseignement une influence immense, mais il a peu écrit, et il est difficile , à qui ne l'a pas connu, de l'apprécier à sa véritable valeur. Ses travaux sur les fractures du péroné , sur celles du radius, sur l'anus contre nature, sur la taille, suffisent pour lui assurer une place brillante parmi les hommes qui ont illustré la chirurgie : il est à craindre cependant qu'avec le temps le souvenir de ses hautes qualités personnelles aille s'affaiblissant. Dupuytren , en effet, était surtout remarquable par la précision de son diagnostic ; mais c'est là une qualité personnelle et qu'il n'a pu transmettre. Il ne saurait, sous ce rapport, être comparé à Laennec, à qui la science doit une nouvelle méthode d'exploration, et qui a non seulement trouvé le moyen de voir lui-même ce qui se passe au sein de nos organes, mais encore de permettre à tout médecin d'arriver à le voir comme lui.

Pour terminer cette revue rétrospective, je rappellerai que Dupuytren a trouvé, dans l'illustre Delpech, un émule qui, malgré le désavantage de sa position, a pu lui disputer le sceptre de la chirurgie en France. Si le professeur de l'école de Paris a eu, pendant sa vie, une célébrité égale ou même plus grande que celle du chirurgien de Montpellier, la postérité, qui ne jugera ces deux hommes supérieurs que par les ouvrages qu'ils ont laissés, placera Delpech au premier rang. Esprit essentiellement créateur et synthétique, il a rempli son *Précis des Maladies réputées Chirurgicales*, d'idées neuves et riches ; mais ce caractère se retrouve, à un plus haut degré encore, dans sa *Chirurgie Clinique*. Son *Traité d'Orthomorphie* a comblé une lacune dans la littérature chirurgicale, et a exercé, sur cette branche de l'art de guérir, une influence qui est loin d'être épuisée. Les ouvrages de Delpech se font remarquer par l'esprit médical qui vivifie tous les faits qu'il expose. Son *Mémoire sur la pourriture d'Hôpital* est un chef-d'œuvre du genre. Le moment n'est-il pas venu où le nom de Delpech va paraître plus grand et plus majestueux encore ? Pour moi, quand j'envisage les symptômes de rapprochement qui se manifestent au sein de l'Académie de médecine entre les deux écoles de Paris et de Montpellier, je ne puis m'empêcher de penser que les ouvrages de Delpech seront plus goutés encore, et pourront contribuer à hâter cette fusion des doctrines.

En résumant l'âge moderne on voit que, des trois dogmes anciens, deux ont survécu. La chirurgie de J.-L. Petit porte le cachet du cartésianisme ; elle est, comme il le disait lui-même, fondée sur le raisonnement et démontrée par la pratique. — Hunter a placé l'observation avant le raisonnement, différence capitale et qui nous explique son incontestable supériorité. Cette méthode lui a permis de réaliser, en chirurgie, la prophétie de Bacon. « Il n'a point encore paru de mortel, s'écrie « Bacon dans le livre Ier du *Novum organum*, d'un esprit « assez ferme et assez constant, pour s'imposer la loi « d'effacer entièrement de sa mémoire toutes les théories « et les notions connues, pour recommencer ensuite tout, « et appliquer de nouveau, aux faits particuliers, son en-« tendement bien aplani. — Mais s'il paraissait un homme « d'un âge mur qui, avec des sens bien constitués, et un « esprit dégagé de toute prévention, appliquât de nouveau « son entendement à l'expérience, ah ! ce serait de cet « homme là qu'il faudrait tout espérer ! »

La synthèse, qui enchaîne et coordonne toutes les sciences auxquelles s'applique l'activité intellectuelle des hommes, se resserre et s'harmonise chaque jour davantage, à mesure que l'esprit humain progresse vers un but qui, selon les uns, s'éloigne sans cesse et nous emporte dans l'infini, qui, selon d'autres, devra amener une transformation définitive des conditions de notre existence. — Elle fait entrer dans son domaine ce qui auparavant semblait n'être que du ressort de l'observation et de l'adresse des mains. La chirurgie, qui semble avoir été, pendant des siècles, livrée à l’empirisme des barbiers et des frères laïcs, peut cependant à bon droit, revendiquer ses titres scientifiques. — Aujourd’hui, plus que jamais, elle regarde devant elle et au-dessus d’elle ; elle demande à la philosophie une méthode et une lumière certaines. Elle a résolu, comme les autres sciences, de s’élever à des conditions générales, et de baser sa pratique sur une évidence où l’expérience même n’entre pour rien. Ce serait un long chapitre à écrire, que celui qui ferait apparaître le côté spiritualiste de la chirurgie ; je ne me sens pas la force de le faire, je n’ai par conséquent nulle envie de l’entreprendre. Qu’il me suffise de vous dire en passant, que dans la chirurgie je vois plus qu’un art. L’art c’est le jeu de quelque faculté humaine en vue du beau et de l’utile ; la science, au contraire, existe indépendamment de l’intelligence qui s’enrichit, et je dis qu’il y a au-dessus de la chirurgie pratique, ce que j’appellerai, si vous le voulez, la chirurgie éternelle de la nature, c’est-à-dire qu’il y a des lois inflexibles qui, avant de diriger la main, doivent se révéler à notre esprit. Ne vous étonnez donc pas si, après avoir jeté dans le passé un coup-d’œil sur les rapports de la chirurgie avec les doctrines philosophiques dominantes à chaque époque, rapports dont il est impossible de méconnaître l’évidence, je me demande en quoi, au jour où nous vivons, la philosophie a réagi sur la chirurgie.

Et d’abord avons-nous une philosophie ? Quel système nouveau est arrivé, si non à la gloire du moins à un empire même restreint sur les esprits de notre temps ? Depuis

Descartes rien chez nous n'a surgi qui puisse se rapprocher de l'immense succès de ses œuvres. Nous avons vu passer des chefs d'école ingénieux et éloquents ; des spiritualistes Ecossais , qui ont fait de l'âme un livre ; des spiritualistes Allemands , anéantissant toutes les réalités pour arriver au réel ; une école Française , presque officielle , et que l'on a appelée éclectique , et qui à force de vouloir être claire et définitive , s'était presque érigée en église orthodoxe ayant ses excommunications et son pape. Ce n'est donc pas seulement dans ce qui s'est écrit depuis quelque vingt ans qu'il faut chercher la philosophie du temps. Comme tous les éléments dont se construira l'avenir, la philosophie est éparse dans les esprits , dans les livres qui n'ont pas la prétention d'en faire ; dans les événements qui surgissent imprévus à chaque heure comme à l'appel d'une voix inconnue du passé. Notre philosophie est dans l'amour désintéressé d'arriver au vrai , qui à leur insu à saisi presque tous les esprits, et qui nous donne le secret de la langueur et de l'abattement dont nous nous plaignons tous. Quelques-uns cherchent , beaucoup attendent.

L'examen des systèmes , l'étude des tentatives philosophiques opérées dans le but d'établir une tradition dans la science abstraite des êtres , ne suffisent pas pour nous donner une idée de la physionomie philosophique de notre époque. La littérature , embrassée dans la généralité la plus vaste de ses tendances , l'art étudié au point de vue de l'idéal qu'il reproduit , les besoins sociaux mis en lumière par les événements et les productions des économistes dont notre époque abonde , les mœurs , les retours et les témérités même de l'opinion, tout concourt à établir vers quelles régions s'achemine dans ses aspirations les plus hautes et les plus désintéressées, la pensée humaine.

Le réalisme parfois un peu trop aride de la philosophie française; l'idéalisme, souvent insaisissable de la philosophie allemande, ont pénétré de leur influence l'histoire du temps, et l'histoire du temps, à son tour, a servi d'épreuve à leur fécondité. Où allons-nous, que faisons-nous? Où est le but? Quelle est la tendance?

Les systèmes sont morts ou impuissants. Nul centre immuable, auquel puissent se rattacher les considérations générales qui doivent guider le savant dans ses découvertes, le chirurgien dans ses recherches et dans les efforts qu'il doit faire pour rattacher sa pratique et ses convictions à un ensemble de principes déterminés. Et cependant l'humanité marche, une force inconnue et irrésistible nous entraîne dans une carrière dont nous n'apercevons pas le but. L'art semble vouloir s'épurer et s'affranchir d'un traditionalisme conventionnel ; la moralité générale gagne en ascendant et en lumière. Il y a, loin de nous si vous le voulez, mais il y a là bas, derrière des nuages qui semblent vouloir se dissiper peu à peu, une vaste unité qu'on pressent, dont il est impossible de deviner la nature et le caractère.

Les sciences d'observation semblent participer à cette attente. Des chercheurs infatigables sondent les mystères de la vie et s'efforcent de pénétrer ses secrets. Une activité dévorante, pareille à celle de l'industrie, pousse les travailleurs comme si demain devait passer le grand penseur, le grand architecte dont la main puissante saura faire , de tant de matériaux épars , un seul édifice. Voilà le caractère que présente la philosophie de notre époque , tel du moins qu'il m'a été permis de le pénétrer et de le comprendre. Activité de l'esprit, inquiétude de l'âme en face d'un inconnu que tous ignorent, extinction momentanée des lumières systématiques , déchéance des rois de la science , dont la main conduisait tout un siècle, besoin ardent de l'unité, tendance à revenir à l'étude des principes quand le domaine de l'expérience et de l'observation se sera encore agrandi. C'est ainsi que l'humanité toujours procède. A certaines époques elle s'arrête comme fatiguée de ses luttes et de son travail, pour demander aux penseurs d'où lui vient cette vie qu'elle dissipe avec tant de prodigalité , et qu'elle protège cependant, d'autre part , par de si gigantesques efforts , et les penseurs qui s'appellent Socrate , Platon , Bacon , Descartes, Spinosa , Mallebranche, répondent à l'appel ; ils montrent du doigt le but, les moyens , puis l'humanité reprend sa marche solennelle ; elle conquiert de nouvelles forces, accomplit de nouvelles découvertes jusqu'à ce que Dieu, qui a tracé la route , juge à propos de lui envoyer de nouveaux révélateurs.

La chirurgie présente le même spectacle que la philosophie. — Elle cherche, elle avance, elle recule tour à tour. — Elle explore son domaine. Elle demande à la chimie tous ses secrets , à la physique tous ses moyens , à l'anatomie toutes ses lumières. — Nous marchons , chaque jour notre horizon s'élargit ; mais aucune vue d'ensemble ne dirige cette activité prodigieuse, et ne réunit en faisceaux des résultats qui seraient bien autrement féconds , s'ils se présentaient sous d'autres couleurs que celles d'un individualisme presque toujours exclusif. La réclame a tué la doctrine. Nous manquons d'école parce que une fortune rapide séduit mieux aujourd'hui les esprits, même sérieux, qu'une renommée solide , ou l'ambition de laisser à la science un nouveau point de départ. Il faut se garder d'exagération toutefois ; cet individualisme , regrettable à mon avis sous plus d'un rapport, a cependant un bon côté. En effet , ainsi que je viens de le dire , l'individualisme est , il est vrai , l'activité sans borne et sans but d'amélioration générale ; mais c'est l'activité si passionnée à son œuvre qu'elle oublie le passé et ne songe pas à l'avenir, entassant des matériaux confus, descendant hardiment à des profondeurs inexplorées , et nous rapprochant du but avec une célérité d'autant plus grande , qu'elle ne s'en préoccupe même pas. Paris est le centre de ce tourbillon scientifique ; penchés sans relâche sur des débris humains et sur des cornues fumantes , d'infatigables explorateurs poursuivent la formation des cellules que l'œil, armé du microscope , peut à peine apercevoir. Ils divisent les infiniment petits , voudraient, en quelque sorte, peser les impondérables. L'anatomie de structure normale et pathologique leur offre des perspectives indéfinies. On peut condamner, tant qu'on voudra, cet exclusivisme qui malheureusement dédaigne les lumières de l'observation clinique , semble oublier l'importance de la thérapeutique, et qui , malgré ses protestations , foule aux pieds les données les plus incontestables du vitalisme. Mais il est bien difficile de prévoir quel sera son résultat définitif, et, sans pouvoir le déterminer, je ne puis m'empêcher de songer que les grands travaux des érudits du XVe siècle ont enfanté Bacon. La chirurgie, infatigable de nos jours, amènera sans doute le besoin, chez ceux là même qui la prônent et la pratiquent, de se demander où ils vont, et si l'esprit qui observe au lit du malade l'évolution des phénomènes pathologiques, n'a pas aussi bien que le scalpel, que le microscope, ses heures et sa puissance.

La chirurgie lyonnaise me semble être restée plus fidèle aux doctrines, et avoir fait une plus large part aux méditations de l'homme qui rentre en lui-même, et cherche à acquérir une connaissance exacte et à se faire une méthode des éléments épars de la pratique et des nécessités de son enseignement. C'est à une semblable direction, si je ne m'abuse, qu'elle doit la haute position qu'elle a su prendre depuis Pouteau et Flurant, qui firent tant pour sa gloire dans la dernière moitié du XVIIIe siècle. L'appréciation de leurs travaux et de ceux de leurs dignes successeurs eût été pour moi une tâche attrayante et douce ; mais les limites dans lesquelles je dois me renfermer ne me permettent pas de l'entreprendre aujourd'hui. Toutefois, parmi ces œuvres, renfermant des idées mères capables de féconder la chirurgie, je ne puis m'empêcher de citer, car je trouve en même-temps l'occasion d'adresser un reconnaissant hommage à deux maîtres aimés ; je ne puis, dis-je, m'empêcher de citer les travaux de M. Bonnet sur l'exercice des fonctions, idée mère, je le répète, et qui a déjà, entre les mains du savant professeur, agrandi le champ de la thérapeutique des maladies articulaires ; je citerai aussi le livre de M. Baumès sur les divers *Etats diathésiques du corps de l'homme*, livre rempli d'idées élevées , que ne doit jamais perdre de vue le chirurgien , s'il ne veut pas réduire son rôle à celui d'un simple opéra- teur plus ou moins habile, mais s'exposant à abandonner son malade à toutes les chances du hazard. Cette appré- ciation m'eût permis, en outre , d'exposer avec des déve- loppements suffisants mes idées doctrinales que je suis obligé de résumer en peu de mots.

La pathologie ne doit pas chercher en dehors de l'éco- nomie vivante ses théories , ses lois et ses principes. Le médecin , moins que personne , ne doit méconnaître la solidarité qui lie toutes les branches des connaissances humaines , et oublier le parti qu'il peut tirer des lumières fournies par la physique , la chimie , les mathémati- ques , etc. Mais l'étude du passé ne lui permet pas de méconnaître non plus les écueils où l'on est venu se briser, quand on a voulu baser les généralisations médicales sur une de ces divisions de la science universelle , et expliquer les phénomènes de la vie par les lois qui régissent la ma- tière inerte. La physiologie ne sera jamais de la chimie ou de la physique , et les tentatives faites en ces derniers temps n'ont servi qu'à corroborer le résultat auquel conduit l'observation des faits médicaux. C'est que dans l'orga- nisme il s'opère de mystérieuses transformations dont nous ne saisirons probablement jamais la nature , mais à la connaissance desquelles on n'arrivera pas, dans tous les cas, en suivant la direction que chimistes et physiciens ont indiquée. L'anatomie elle-même, et je parle surtout de l'anatomie pathologique, n'est qu'un moyen précieux sans doute, mais dont il ne faut pas exagérer l'importance. Elle nous servira à mieux apprécier le caractère des altérations organiques et leurs rapports avec les causes morbides, mais il ne faut pas lui demander la raison, la connaissance de la nature des maladies, pas plus qu'il ne faut voir, dans les efforts curatifs de l'organisme, les réactions d'une entité, quel que soit le nom qu'on lui donne, archée, nature, âme, force vitale, principe vital, mais seulement une tendance innée des conditions vitales à rentrer dans l'état normal qui a cessé momentanément d'exister, et cela en conséquence des lois mêmes de l'organisation et de la vie qu'il faut précisément étudier d'après leurs manifestations. Il faut, en un mot, ne pas perdre de vue que l'économie vivante offre des conditions physiques, chimiques, vitales et psychologiques, que l'état anormal de ces conditions constitue l'homme pathologique, et que, pour arriver à le guérir, pour atteindre le but de notre science, il ne faut pas cesser de le considérer sous ces quatre aspects à la fois.

Les principes que je viens d'exposer seront les guides d'une pratique dont je prévois les difficultés et les périls, mais qui me laisse aussi l'espoir de pouvoir apporter un faible tribut à l'édifice qui se construit chaque jour. J'aurai à l'hôpital de la Charité à étudier des maladies où, le plus souvent, la conscience de celui qui souffre ne nous est d'aucun secours. Chez l'enfant qui s'éveille sous l'aiguillon d'une douleur dont il ne sait indiquer ni le siége ni l'origine, le diagnostic est plus obscur. L'homme souffrant accuse son mal, éclaire, dirige les recherches du médecin ; l'enfant malade est impatient, craintif ; le premier se prête, le second résiste plutôt à toute investigation et rend ainsi l'observation plus difficile ; mais j'entrevois comme compensation tout un monde nouveau à explorer. La chirurgie de l'enfance a été jusqu'à ce jour un champ trop peu cultivé pour qu'il ne me soit pas permis d'espérer d'arriver, à l'aide d'un travail soutenu et persévérant, à quelque résultat. L'influence des âges sur la marche et la terminaison des maladies est un des plus beaux problèmes de pathologie qui reste à élucider, et sa solution n'intéresse pas seulement la médecine de l'enfance, mais la pathogénie tout entière. La chirurgie physiologiquement étudiée pendant la première période de la vie peut, j'en ai la conviction, devenir la source d'enseignements précieux de causalités organiques. C'est ainsi, par exemple, que dans les affections traumatiques, luxations, fractures, plaies simples ou compliquées, accidentelles ou consécutives aux opérations chirurgicales, les enfants guérissent plus souvent et plus promptement que les adultes. Mais quelle est la raison de cette différence ? elle est, je le répète, à trouver, mais il est difficile de prévoir les conséquences qui découleront de la solution de ce seul problème.

Le service des accouchements constitue une grande partie du fardeau dont j'assume la responsabilité. Je n'ai pas besoin de faire remarquer que l'obstétrique n'est que la chirurgie dans l'une de ses applications. Au point de vue de l'organisation nosocomiale, l'art peut bien être scindé en deux parties, mais la science est une. Non seulement les considérations générales que j'ai exposées dans ce discours s'appliquent à la science des accouchements, et l'histoire de son développement et de ses progrès feraient reparaître la plupart des grands noms que j'ai dû citer, mais il ne me serait pas difficile de démontrer que la solution des questions qui ont été posées dans ces derniers temps, accouchement prématuré, opération césarienne, avortement provoqué dans certains cas de vices de conformation du bassin, ne pourra être trouvée définitivement que lorsque l'expérience et l'observation auront été fécondées par les idées philosophiques sans l'influence desquelles les données expérimentales restent frappées d'impuissance et de stérilité.

Mon honorable prédécesseur vient de vous dire quelques-unes des difficultés qui m'attendent, et vous avez pu vous convaincre en l'écoutant que la pratique des accouchements dans un grand hôpital exigeait la réunion des plus belles qualités que doit présenter un chirurgien véritablement digne de ce nom. Patience que rien ne doit lasser, rectitude de jugement dans l'observation, coup d'œil assez sûr pour prendre souvent une prompte décision, sang-froid imperturbable, habileté éprouvée pour pratiquer, quand il le faut, les opérations les plus graves et les plus laborieuses. En voilà bien assez pour motiver l'émotion que j'éprouve quand je mesure l'étendue de la responsabilité qui va peser sur moi. J'ai besoin pour me rassurer de me dire que je ne serai pas livré à mes seules ressources. Je sais que dans les circonstances heureusement rares où les plus grandes difficultés se rencontrent, je puis compter sur les conseils et la coopération de mes prédécesseurs. L'organisation de l'école d'accouchement m'assure en outre un concours précieux et me permet de compter sur une assistance dont j'ai pu déjà apprécier toute la valeur. Enfin, les six années que je viens de passer à l'Hôtel-Dieu m'ont appris ce que j'étais en droit d'attendre du zèle et de la coopération de MM. les chirurgiens internes. J'ai pu apprécier cet esprit d'abnégation dans le service des pauvres, qui se transmet traditionnellement de génération en génération, et cette soif d'apprendre qui leur rend attrayantes les fonctions pénibles et quelquefois repoussantes de notre profession. J'espère qu'encouragé et soutenu d'ailleurs par votre bienveillance, je saurai puiser dans ces divers éléments de succès la force nécessaire pour ne pas rester trop au-dessous de la tâche que j'ai à accomplir.

Je ne sais, si malgré les efforts que j'ai faits pour me faire comprendre, je n'ai pas obscurci mon programme en le rattachant à des considérations supérieures que je me sens inhabile à faire ressortir autant que je le voudrais. Permettez-moi donc de le résumer avec la franchise que m'inspire la bienveillance avec laquelle vous m'écoutez. Fils du temps où je vis, j'en ressens toutes les incertitudes et j'en pratique tous les tâtonnements. Comme tous ceux dont l'esprit s'abandonne avec confiance au courant des événements qui le dominent, des enseignements éclatants qui écrasent son obscurité, j'ai soif de la lumière, et je la demande à quiconque peut m'en offrir.

Placé entre un passé si rempli de constructions gigantesques et confuses, et les perspectives si vastes de l'avenir,
l'homme qui chaque jour voit le bout de son œuvre étroite
se sent pris souvent d'un découragement profond. Derrière
lui, des travaux où les ruines dépassent de beaucoup les
constructions, où les esprits cherchent un abri et un point
de départ ; devant lui des obstacles qui l'effraient, je dirais
presque des impossibilités capables de faire fléchir toute
son énergie. Faut-il pour cela se laisser abattre, fermer
les livres, briser son scapel et s'endormir dans les béati-
tudes de la routine ? Non, mille fois non. Le temps, si
incommensurable qu'il soit, l'espace, aussi loin qu'il recule ses limites, ont été ouverts à l'activité humaine, et à
l'activité humaine toute seule. Elle a pour mission de
combler ce vide dont les profondeurs épouvantent notre
faiblesse. Dans ce vaste atelier d'un progrès qui débute
à peine, car je crois l'humanité jeune encore, tous ont leur
part de labeur mesurée à leur part de responsabilité.
L'homme de génie donne la lumière, le travailleur donne
ses sueurs ; l'un est payé par la gloire, l'autre trouve sa
récompense dans cette joie intime que Dieu attache au
sentiment du devoir accompli. Celui qui a imposé à l'humanité ces jours d'élaboration pénible, a fait une loi à
chacun de nous, quelque infime qu'il soit, d'apporter à
l'œuvre commune le tribut de ses veilles. Il faut en un
mot que les plus faibles se résignent à faire ce que la
masse des travailleurs fait en industrie. Il y a loin de
l'ingénieur qui combine les matériaux sur le papier, à
l'ouvrier qui porte péniblement la terre d'un point à un

autre, et cependant le concours de ce dernier est nécessaire et indispensable.

Je me range, Messieurs, et c'est tout vous dire, dans la catégorie de ces humbles pionniers de la science, qui n'ont à offrir à l'œuvre commune que le tribut d'un travail journalier, et qui s'estiment heureux si les preuves de leur bonne volonté sont acceptées. Je ne poursuis point l'espoir enivrant et souvent si dangereux d'une gloire scientifique, l'enceinte d'un hôpital est assez vaste pour l'étendue de mes désirs, et si, à la fin de la carrière que j'ai à parcourir, j'emporte l'estime et la considération que vous accordez à ceux qui ont rempli, selon vos vues, le mandat que vous allez me confier, je croirai cette partie de ma vie suffisamment remplie. Heureux si je laisse après moi des regrets semblables à ceux qui vous suivront, cher et honorable prédécesseur. En prenant la place que vous avez si brillamment occupée, laissez-moi vous remercier de ce que vous avez fait pour m'aplanir les voies. Je ne puis mieux vous en témoigner ma reconnaissance et répondre en même temps à la bienveillance dont j'ai été l'objet de la part de l'Administration, qu'en imitant les consciencieux efforts auxquels l'œuvre que vous me laissez doit une partie de sa prospérité, et en mettant à profit, autant que je le pourrai, les lumières dont vous l'avez enrichie.

FIN.